Joseph-Eric Nnomenko'o

Posse de terras extraterritoriais e quadro jurídico e ético

Joseph-Eric Nnomenko'o

Posse de terras extraterritoriais e quadro jurídico e ético

A China na África Subsariana

ScienciaScripts

Imprint

Any brand names and product names mentioned in this book are subject to trademark, brand or patent protection and are trademarks or registered trademarks of their respective holders. The use of brand names, product names, common names, trade names, product descriptions etc. even without a particular marking in this work is in no way to be construed to mean that such names may be regarded as unrestricted in respect of trademark and brand protection legislation and could thus be used by anyone.

Cover image: www.ingimage.com

This book is a translation from the original published under ISBN 978-620-6-72349-3.

Publisher:
Sciencia Scripts
is a trademark of
Dodo Books Indian Ocean Ltd. and OmniScriptum S.R.L publishing group

120 High Road, East Finchley, London, N2 9ED, United Kingdom
Str. Armeneasca 28/1, office 1, Chisinau MD-2012, Republic of Moldova, Europe
Printed at: see last page
ISBN: 978-620-8-15454-7

"Olhamos para o continente africano como se estivéssemos a olhar para as camas de doentes a quem só se fala da doença, como se já não existissem como pessoas: a patologia tem precedência sobre todos os outros traços de personalidade ou de carácter. Tal como o doente é reduzido à doença que o aflige, a África é demasiadas vezes reduzida aos seus males. Um fator agravante é que, em ambos os casos, os médicos e os enfermeiros discutem muitas vezes os diagnósticos e os remédios falando entre si, sem se preocuparem em envolver o doente. A simples pergunta "Onde é que dói?" quase não é feita pelos curadores, que já têm as suas próprias ideias sobre o assunto. Esta ideia está tanto mais enraizada quanto nem sempre são estranhos à doença e à sua evolução".

Anne-Cécile Robert

A
Ministérios Internacionais de
Aleluia

Índice

Introdução geral

[5]Seguindo a lógica do racionalismo crítico de Karl Popper, este livro segue as pegadas de trabalhos que tratam a questão das concessões de terras offshore na África subsariana. No entanto, em vez de realizar um estudo sintético baseado nos preconceitos que abundam sobre a cooperação China-África em todos os seus aspectos, decidimos centrar-nos na presença chinesa em terras agrícolas, particularmente nos Camarões, com vista a uma análise detalhada das acusações de usurpação de terras feitas por certos meios de comunicação social e ONG internacionais, que apresentam um mapa truncado ou mesmo falso da presença chinesa em terras agrícolas na África Subsariana em geral e nos Camarões em particular.

Alguns investigadores, cujo trabalho sobre a cooperação China-África é relevante e científico, continuam infelizmente a perpetuar, de forma consciente ou não, a ideia de um acesso ilegal à terra por parte da China na África Subsariana através da utilização da expressão "land grabbing". Esta expressão gera confusão no espírito de uns e de outros e sugere que devem ser feitas perguntas sobre os métodos, modos e mesmo procedimentos da China para aceder à terra na África Subsariana.

As acusações de apropriação de terras pela China na África Subsariana são problemáticas, especialmente porque a presença da China nas terras agrícolas africanas continua a ser mínima. Pelo contrário, as aquisições de terras são um trampolim para outros sectores, como o financiamento de actividades no sector das infra-estruturas urbanas, nomeadamente na exploração de recursos e matérias-primas (Gabas, 2013).

Existe frequentemente uma confusão entre a intenção de adquirir terras chinesas e a aquisição efectiva. Um dos exemplos mais marcantes é o famoso caso dos 60.000 ha de terras que a China queria adquirir no Senegal para cultivar sésamo, um projeto que não passava de uma representação cognitiva da realidade. Ao aperceber-se de que o projeto não podia funcionar em dez hectares, o investidor chinês acabou por desistir. [6] [7]No

---

[5]O racionalismo crítico é uma conceção epistemológica defendida, nomeadamente, por Karl Popper, segundo a qual é impossível fornecer uma base segura para o conhecimento científico. O conhecimento científico é considerado uma conjetura, cuja validade está constantemente sujeita a críticas ou refutações.
[6]*Ibid*, p. 17.
[7]Jean-Paul Charvet, "Land grabbing", *Encyclopaedia universalis* [em linha], acedido em 25 de fevereiro de

entanto, vários meios de comunicação social e ONG continuaram incompreensivelmente a concentrar-se na apropriação de 60 000 hectares de terras chinesas no Senegal, apesar de nada ter sido feito.

Estas acusações de usurpação de terras por parte da China levantam o problema da forma como os activos são adquiridos em grande escala, que ainda é pouco conhecida devido ao seu carácter confidencial. Assim, é difícil distinguir entre o anúncio de um projeto e o ritmo a que este é efetivamente realizado. Enquanto algumas operações que envolvem centenas de milhares de hectares permanecem pouco conhecidas e recebem pouca cobertura mediática, outras que envolvem áreas modestas recebem níveis surpreendentemente elevados de publicidade, como as destacadas no relatório do Banco Mundial de setembro de 2010 sobre a Nigéria e a Etiópia. Esta situação pode certamente ser explicada pelo facto de estes projectos envolverem geralmente investidores locais. No entanto, os governos recorrem por vezes diretamente a investidores estrangeiros para operações de grande envergadura. Por exemplo, em agosto de 2008, o Sudão publicou o seguinte anúncio no *Financial Times*: "State to sell 880 000 hectares of arable land "[3].

Para evitar a confusão que geralmente reina entre as intenções de aquisição de terras, os números fantasiosos e as acusações muito publicitadas de "land grabbing" chinês, é importante saber distinguir entre o anúncio de uma aquisição ou a aquisição efectiva (que abrange uma área muito mais pequena) e o início das operações (ainda mais pequena) em escalas muito diferentes umas das outras. É necessário ter em conta onze níveis de referência diferentes para saber de que número estamos a falar:

- A *área* global *de investimento* oferecida pelo país de acolhimento ao investidor,
- *Domínios* de investimento *prioritários,*
- Áreas *negociadas,*
- Opções sobre futuras concessões *(área de investimento opcional),*
- *Áreas* arrendadas,
- *Terrenos reservados,*
- Áreas de projeto,

2023 - URL: http//www.universalis-edu.com/encyclopédie/land land grabbing.

- Perímetros agro-industriais ou irrigados *(Área irrigada; Área pivô)*,
- Áreas experimentais,
- Zonas industriais,
- Zonas *de reinstalação.*[8]

Se estes diferentes níveis de referência fossem muitas vezes tidos em conta nos estudos mais sentimentais do que objectivos sobre os supostos land grabs chineses em África, permitiriam certamente evitar qualquer acusação de land grabs chineses à escala macro da África subsariana, e particularmente à escala micro dos Camarões, que é o foco deste estudo.

Tal como na maioria dos países da África subsariana, a China é acusada de usurpação de terras nos Camarões. No programa *Enquête Exclusive*, transmitido a 14 de novembro de 2010 pelo canal de televisão privado francês M6, o jornalista Bernard de la Villadière, que não quis ser identificado, descreve um Camarões que está a passar por um inferno porque os chineses estão a roubar o trabalho dos camaroneses. O jornalista prossegue dizendo que os chineses já se apoderaram de milhares de hectares de terra para produzir arroz, que depois é enviado para a China. No documentário, os camaroneses dizem mesmo que o pior de tudo isto é que o melhor arroz é enviado para a China e só fica nos Camarões o arroz estragado.

Na mesma linha, num artigo intitulado *Quand le Cameroun nourrit la Chine (Quando os Camarões alimentam a China)*, publicado a 21 de outubro de 2010 pelo semanário francês Politis.fr, o jornalista Simon Gouin refere que a China está alegadamente a apropriar-se de terras nos Camarões para alimentar a sua enorme população. Segundo o jornalista, a China está a praticar esta prática porque o seu modelo agrícola se baseia em importações.

Num documentário intitulado *"Razzia chinoise sur les terres camerounaises" (Razzia chinesa nas terras dos Camarões)*, transmitido em 2009 pelo canal de televisão francês ARTE, o jornalista Patrick Fandio afirma que o grupo chinês IKO se propôs conquistar as terras agrícolas dos Camarões com a bênção e o apoio dos mais altos níveis de governo em Pequim. Continuando a sua argumentação, o jornalista afirma que, nos Camarões, os

---

[8] Gérard Chouquer, "Understanding massive land acquisitions in the world today", www.fig.net/pub/fig2012/papers/its01h/TSO1H/ chouquer 5932.pdf. Acedido em 11/05/2024

chineses poderão vir a controlar toda a cadeia de produção de cereais do país, se nada for feito. *

[9]Outro artigo publicado pela ONG GRAIN, intitulado *"Desmascarar a apropriação de terras nos Camarões por uma empresa chinesa"*, denuncia a apropriação de terras pela China nos Camarões através da sua empresa Sino-Cam Iko Ltd. A ONG afirma que a China já se apoderou de enormes hectares de terra no departamento de Haute-Sanaga.

Como se pode ver, os meios de comunicação social e as ONG acima mencionados apoiam a ideia de uma apropriação de terras chinesas nos Camarões. Baseando-se na abordagem sócio-antropológica de Émile Durkheim, o livro sugere que devemos ter cuidado com as palavras que utilizamos para descrever certas realidades. Algumas das palavras triviais que usamos muitas vezes não conseguem transmitir a realidade das coisas a que nos estamos a referir. As palavras, pensamos nós, devem corresponder àquilo para que são usadas. Do ponto de vista estrito da sociologia, ÉmileDurkheim recomenda que se desconfie das noções vulgares e das palavras que se usam com confiança, como se correspondessem a coisas bem conhecidas e definidas, quando, na realidade, apenas despertam em nós noções confusas, preconceitos, paixões e interpretações mecanicistas (Durkheim, 2007).

A expressão "land grab" enquadra-se nesta categoria de noções vulgares. A abordagem durkheimiana é um convite a estabelecer sempre uma relação entre a palavra e a realidade a que nos referimos, a fim de evitar a confusão entre a investigação científica, que visa estabelecer **a veracidade dos factos, e a inquisição, que tende muitas vezes a formular juízos falaciosos e sentenciosos.**

Para evitar os clichés e as ideias preconcebidas, ou mesmo caricaturais, que abundam sobre a China-África, este livro adopta uma abordagem cautelosa e prudente, que visa sublinhar o carácter incompleto de certas informações sobre a atividade agrícola chinesa na África subsariana, e principalmente nos Camarões. Com efeito, é sempre fácil refugiarmo-nos nas citações daqueles que nos precederam, sem procurarmos verificar a solidez dos seus escritos. E, no entanto, quer queiramos quer não, a falta de verificação destas informações contribui para a propagação de rumores e para a venda de boatos que,

---

[9] Ver http://farmlandgrab.org/post/view/16667. Acedido em 16/05/2023.

pelo facto de serem impressos, se tornam lugares-comuns e factos evidentes que nunca são questionados (Gabas e Chaponnière, 2012).

[10][11]É assim que sabemos, por exemplo, que a China tem grandes explorações de frangos na Zâmbia, que os chineses assustam os africanos, que houve motins anti-chineses em Yaoundé em 2008... que os chineses abundam em África.

---

[10] Jacques Barrat, "CHINAFRIQUE: Un tigre de papier", *Géostratégie,* n.º 25, 2009, p. 162.
[11] *Ibid,* p.162.

Capítulo 1: Os media China-África

Introdução

No espaço de poucos anos, os imensos recursos do subsolo africano tornaram-no o destino preferido de muitos investidores estrangeiros, nomeadamente da China e dos países ocidentais, que travam entre si uma guerra económica e estratégica sem precedentes. Como em todas as guerras, cada um dos intervenientes utiliza as armas de que dispõe para controlar melhor a situação. Nesta competição conflituosa entre a China e as grandes potências ocidentais, os meios de comunicação social estão a ser particularmente utilizados. Por isso, não é de admirar que a maior parte das informações sobre a China-África sejam falsas. Esta atitude faz parte integrante do controlo dos espíritos, da desinformação, da propaganda mediática e do espetáculo mediático.

1.1 Clarificações conceptuais

Médiaspectáculo

O espetáculo mediático é o conhecido método de diversão mediática associado à publicidade e à não-cultura audiovisual. A principal forma de ganhar tempo consiste em distrair as pessoas, levando-as a tomar partido por uma questão trivial. [12]Isto afasta a atenção do grande público das questões fundamentais relacionadas com a extrema gravidade da situação atual.

Desinformação

A desinformação refere-se a um processo de comunicação que envolve a utilização dos meios de comunicação para transmitir informações parcialmente erradas com o objetivo de enganar ou influenciar a opinião pública e levá-la a agir numa determinada direção. É a mentira organizada. A desinformação resulta da parcialidade repetida na seleção dos

---

[12]Sylvain Timsit, "stratégies de manipulation: les stratégies et les techniques des maitres du monde pour la manipulation de l'opinion publique et de la société, www.Syti.net/Manipulation.html, consultado em 06/11/2020

factos e na forma como estes são apresentados (Le Gallou, 2013).

A desinformação é uma escolha consciente, uma abordagem escolhida, deliberada e planeada para manipular a opinião pública e obter o apoio de indivíduos e grupos a uma ideologia e às acções que dela decorrem. [13]Trata-se de uma escolha política deliberada para manipular a informação com o objetivo de desviar a opinião pública.

1.2. Estratégias de manipulação

No seu artigo intitulado *stratégies de manipulation: les stratégies et les techniques des maîtres du monde pour la manipulation de l'opinion publique et de la société* , Sylvain Timsit (2002) enumera dez estratégias de manipulação da opinião pública e *da* sociedade. Eis algumas delas:

A estratégia de desvio

Consiste em desviar a atenção do público das questões importantes e das mudanças decididas pelas elites políticas e económicas através de um dilúvio contínuo de distracções e de informações insignificantes.

Dirigir-se ao público como se fossem crianças pequenas

Estratégia de comunicação que utiliza um discurso, argumentos e um tom particularmente infantilizante, muitas vezes próximo do de um debatedor, como se o espetador fosse uma criança ou uma pessoa com deficiência mental.

Apelar ao emocional em vez do reflexivo

Trata-se de uma técnica clássica para provocar um curto-circuito na análise racional e, por conseguinte, na capacidade crítica das pessoas.

Manter o público ignorante e estúpido

[14]A técnica de tornar o público incapaz de compreender as tecnologias e os métodos

---

[13]Boulan, "Chine-Afrique : La grande désinformation", www.mboaconnected.com/articles/.../ chinafrique-la- grande-désinformation. Acedido em 21/02/2020
[14]Sylvain Timsit, "stratégies de manipulation: les stratégies et les techniques des maitres du monde pour

utilizados para o controlar e escravizar.

São estes mecanismos técnicos de construção de uma mensagem manipuladora que revelam uma dupla preocupação: identificar as resistências que lhes poderiam ser opostas e mascarar a própria abordagem utilizada por uma certa imprensa de negócios para difundir a confusão sobre as supostas apropriações chinesas de terras na África subsariana.

1.3. Algumas teses sobre China-África

A tese de Le Gallou

De acordo com Le Gallou (2013), a informação sobre a China-África é preparada, dirigida e planeada de forma a chegar à consciência das pessoas e a formar as suas opiniões. Em termos absolutos, não há informação. É um facto que os meios de comunicação social decidem chamar a atenção do seu público, apresentando-o sob um determinado ângulo. [15]Para concluir a sua análise, Le Gallou argumenta que os factos sobre a China são apresentados com um viés deliberado, depois de filtrados e adaptados a linhas editoriais que nem sempre são favoráveis aos interesses das populações africanas.

A tese de Pougala

No seu artigo *Les plus gros mensonges sur la coopération entre la Chine et l'Afrique (As maiores mentiras sobre a cooperação entre a China e a África)*, Jean-Paul Pougala menciona uma curiosa campanha anti-chinesa organizada nas principais cidades britânicas, utilizando cartazes e painéis gigantes expostos em aeroportos, estações de metro e cruzamentos. A campanha foi paga por uma das principais publicações britânicas de informação, The Economist. O título do anúncio: *O boom dos investimentos chineses em África é mau para os africanos*. O cartaz explica porque é que os investimentos chineses em África são terríveis para os africanos por três razões: a) os chineses apoiam governos ditatoriais em África; b) as fábricas de vestuário chinesas na África do Sul

---

la manipulation de l'opinion publique et de la société", *Ibid.*
[15]Jacques-Yves Le Gallou, citado por Boulan. In "Chine-Afrique : la grande désinformation", *Op. cit.p.6*

pagam menos do que o salário mínimo; c) os elefantes

estão a desaparecer na África Oriental por causa dos chineses. No final do artigo, perguntava-se ao público britânico de que lado queria ficar. Exasperado com esta publicidade enganosa, o autor salientou ironicamente que a famosa revista britânica se tinha esquecido de acrescentar que a) a China é responsável pelas chuvas torrenciais e pelos mosquitos em África; b) a China é responsável pela falta de água nos desertos do Sara e do Kalahari.

Há anos que certos meios de comunicação social internacionais têm vindo a encher a opinião pública internacional com informações falsas sobre África. Os africanos são frequentemente os primeiros a ficar surpreendidos com o que estes meios de comunicação social dizem sobre África. A falta de conhecimentos sobre África em alguns meios de comunicação social é dramática (Robert, 2004). Isto leva-os a transmitir preconceitos perigosos, tais como a usurpação de terras que alegadamente está a ocorrer no continente.

A dramática situação económica e social de África está a distorcer a forma como vemos África e a forma como ela se vê a si própria. O continente é cada vez mais identificado com os seus próprios males. É agora reduzido a um único problema ou a uma série de problemas: fome, guerra, SIDA e outras pandemias, miséria, desastres ecológicos, etc. Esta visão, que corresponde evidentemente à realidade, tende a fazer da África um vampiro: ela existe pouco ou nada como lugar de vida, de expressão social e cultural. Continua a não ser objeto do seu próprio destino, mas sim de uma preocupação. Não existe como um ator livre no mundo, mas como intérprete de uma pantomima sinistra inventada por *outros*.[16]

Conclusão

A África oferece enormes oportunidades, com as riquezas variadas do seu subsolo a exercerem uma atração inegável sobre os vários agentes económicos que disputam posições. Nestas condições, ninguém quer ficar para trás. Dos países emergentes aos

---

[16] Anne-Cécile Robert, *L'Afrique au Secours de l'Occident,* Paris, Edition de l'Atelier et Ouvrières, p.71

países desenvolvidos, todos se posicionam estrategicamente para não ficarem para trás.

Capítulo 2: A estruturação do regime fundiário como código jurídico-político e jurídico-comercial nos Camarões

Introdução

O regime de propriedade fundiária é o elemento essencial da organização da propriedade fundiária, do cadastro e da posse da terra. É a relação definida pela lei ou pelos costumes em relação à terra. É um conjunto de regras elaboradas por uma sociedade para reger o comportamento dos seus membros no que respeita à utilização dos recursos fundiários. Por outras palavras, a forma como são distribuídos os direitos de propriedade, como são atribuídos os direitos de utilização, controlo e transferência de terras, bem como as responsabilidades e limitações correspondentes. A posse da terra é um elemento importante das estruturas sociais, políticas e económicas. A posse da terra é multidimensional, envolvendo factores sociais, técnicos, económicos, institucionais, jurídicos e políticos.

Nos Camarões, a gestão das terras é organizada através do decreto colonial de 21 de julho de 1932, que institui o sistema de registo fundiário nos Camarões, e através dos decretos n° 74/1 e 74/2 de 6 de julho de 1974, que estabelecem o regime de propriedade fundiária e o regime de propriedade do Estado. Esta organização implica a distribuição racional das terras, a resolução dos litígios fundiários e a repressão das infracções à propriedade fundiária de outrem.

2.1. O regime de propriedade fundiária dos Camarões está organizado em quatro domínios

Propriedade privada

O Estado garante a todas as pessoas singulares ou colectivas proprietárias de terras o direito de usufruir e dispor livremente das mesmas. Enquanto depositário de todas as terras, o Estado pode, nesta qualidade, intervir para assegurar a sua utilização racional ou para ter em conta os imperativos de defesa das opiniões económicas da nação. As condições desta intervenção são fixadas por decreto. [São objeto de direitos de propriedade privada as seguintes terras: a) as terras registadas; b) as terras livres; c) as terras adquiridas no âmbito do sistema de transcrição; d) as concessões definitivas do Estado; e) as terras inscritas no Grundbuch (art. 2).

O domínio nacional
Ao longo da história da propriedade fundiária, os terrenos ditos devolutos e sem dono constituíram sempre uma categoria de propriedade que teve de ser classificada separadamente da propriedade pertencente às autarquias locais, aos particulares e, sobretudo, à propriedade privada e pública. [er]Durante a era alemã, estes terrenos foram classificados como propriedade do Reich, ao abrigo do decreto de 15 de junho de 1896 (art. 1). Um decreto de 21 de novembro de 1902 transferiu-os para o domínio de cada colónia.

Com a chegada da administração Fancaise, esta classificação foi mantida por um decreto de 12 de janeiro de 1932 que organizava o regime das terras do Estado nos Camarões. [er]Este texto incluía também *as terras que, não sendo objeto de um título fundiário regular de propriedade ou de usufruto por aplicação das disposições do código civil, ou dos decretos de 21 de julho de 1932 que instituem o registo e fixam o método de estabelecimento dos direitos fundiários dos nativos dos Camarões, não tinham sido utilizadas ou estavam ocupadas há mais de 10 anos* (art.1 al.2- dec.12 de janeiro de 1932).

Aquando da independência dos Camarões, o conceito de terras devolutas e sem dono foi abolido. Em seu lugar, o decreto-lei de 9 de janeiro de 1963 introduziu o conceito de *património coletivo nacional.* Este conceito abrange todas as terras, com exceção das terras pertencentes às colectividades locais, das terras registadas ou transcritas e das terras do domínio público e privado do Estado. [17]O Estado é responsável pela gestão do património coletivo nacional em conformidade com os objectivos de desenvolvimento económico e social do país.

As terras que, à data da entrada em vigor da Portaria 74/2, de 6 de julho de 1974, que estabelece o regime fundiário, não estejam classificadas no domínio público ou privado

---

[17]Jean Marie Nyama, Régime foncier et Domanialité publique au Cameroun, UCAC Press, 2012, p.91

do Estado ou de outras pessoas colectivas de direito público, integram automaticamente o domínio nacional (art. 14.º). As terras sujeitas a direitos de propriedade também não são incluídas no domínio nacional. Os terrenos do domínio nacional são classificados em duas categorias: os terrenos residenciais, os terrenos de cultivo, de plantação, de pastagem e os terrenos de pastagem cuja ocupação é evidenciada por uma clara ocupação humana do terreno e por um desenvolvimento comprovado (art. 15.º).

O domínio público

[er]Nos termos do artigo 2.º, n.º 1, da Portaria n.º 74/2, de 6 de julho de 1974, que estabelece o regime dos bens do Estado, integram o domínio público todos os *bens móveis e imóveis que, pela sua natureza ou finalidade, estejam afectos quer ao uso direto do público, quer a serviços públicos*. Os bens do domínio público são inalienáveis, imprescritíveis e impenhoráveis. Sob certas condições, não podem ser objeto de apropriação privada. Os bens do domínio público caracterizam-se pela sua finalidade, ou seja, pela sua afetação a uma utilização pública ou a um serviço público.

Um bem pode ser considerado de interesse público quando a sua utilização é livremente acessível a toda a comunidade de um determinado território para um fim de interesse geral. É indiferente que esta utilização seja gratuita ou onerosa, colectiva ou privada. A utilização pode ser natural, como é o caso dos rios, ou ser intencional por parte dos poderes públicos, como é o caso das estradas. [18]Outra caraterística dos bens do domínio público é a sua utilização para fins de serviço público, ou seja, para uma atividade de interesse geral exercida sob a autoridade de uma pessoa colectiva de direito público. É o caso de certos edifícios públicos e portos comerciais militares.

O domínio privado do Estado e das outras pessoas colectivas de direito público

O domínio privado do Estado, das autarquias locais e dos estabelecimentos públicos compreende bens da mesma natureza que os dos particulares. Inclui os bens móveis e imóveis, bem como os direitos de propriedade adquiridos a título oneroso ou gratuito. No primeiro caso, a aquisição pode ser amigável [compra] ou forçada (expropriação ou

---

[18]Joseph Owona, Droit administratif spécial de la République du Cameroun, EDICEF, 1985 p.118

requisição). No segundo caso, pode resultar da vontade dos transmitentes (doação ou legado), de decisões judiciais (confisco) ou da própria lei (devolução de bens sem dono e de heranças penhoradas). [19]Para além destes dois modos de aquisição da propriedade dos bens, existem decisões ou acordos que, sem transferir a propriedade, conferem direitos permanentes de ocupação ou de utilização (arrendamentos, requisições) ao Estado, às autarquias locais ou aos organismos públicos.

O direito camaronês estabelece uma distinção entre os bens privados do Estado e os de outras pessoas colectivas públicas. O artigo 10º do Decreto 74/2 enumera os bens que constituem o domínio privado do Estado. Estes bens podem ser divididos em duas categorias principais: os que fazem parte do que se pode designar por domínio privado de base do Estado e os que, pelo facto de estarem afectos ao Estado, constituem uma espécie de domínio privado por incorporação. Limitar-nos-emos aqui a uma lista de bens que fazem parte do domínio privado fundamental do Estado. Fazem parte do domínio privado fundamental do Estado os seguintes bens :

1) Bens móveis e imóveis adquiridos pelo Estado a título gratuito ou oneroso, de acordo com as regras do direito comum;

2) Terrenos em que são erigidos e mantidos pelo Estado edifícios, construções, estruturas e instalações;

3) Imóveis atribuídos ao Estado por força do :

- Artigo 120º do Tratado de Versalhes de 28 de junho de 1919;
- Legislação sobre a sequestração de guerra ;
- Título de classificação emitido ao abrigo de legislação anterior ao diploma que regula o domínio privado do Estado;
- Desmantelamento de bens públicos ;
- Expropriação por interesse público.
- Concessões rurais ou urbanas sujeitas a caducidade ou a direito de reintegração de posse, bem como os bens das associações dissolvidas por actos de subversão ou atentados à segurança interna ou externa do Estado.
- Retiradas decididas pelo Estado do domínio nacional em aplicação do disposto no

---

[19]J. Magnet, Comptabilité publique, PUF, coll.Thémis, p.262...

artigo 18.º da portaria que estabelece o regime de propriedade fundiária (art.º 10.º).

A propriedade privada de outras pessoas regida pelo direito público inclui :

- Propriedade e direitos de propriedade adquiridos ao abrigo do direito privado ;
- Bens e direitos de propriedade provenientes do domínio privado do Estado e transferidos para o domínio privado das referidas pessoas;
- Bens e direitos de propriedade adquiridos nas condições referidas no artigo 18.º da portaria que estabelece o regime de propriedade fundiária (artigo 13.º).

Além disso, a Lei 80-21, de 14 de julho de 1980, que altera e completa certas disposições do Decreto 74-1, de 6 de julho de 1974, que estabelece o regime de propriedade fundiária, reconhece a atribuição de terras a investidores estrangeiros.

2.2. Atribuição de concessões a investidores estrangeiros

Nos Camarões, a concessão é definida pelo artigo 11.º do decreto n.º 64-10/COR, de 30 de janeiro de 1964, que aplica o decreto-lei n.º 63, de 9 de janeiro de 1963, que estabelece o regime fundiário e imobiliário. Consiste na atribuição de um direito de utilização de um terreno a um concessionário, acompanhado de uma promessa de venda sujeita à condição prévia de urbanização do terreno num prazo determinado. Uma vez urbanizado o terreno, o concessionário obtém um título definitivo de concessão, que transfere a propriedade e lhe dá direito a uma cópia do título de propriedade.

As concessões são a melhor forma de redistribuir as terras que constituem o domínio nacional. O concessionário, investido de um direito de ocupação de origem essencialmente temporária, pode transformar a precariedade da sua posse através do desenvolvimento do terreno concedido, do qual se torna proprietário pleno; é uma espécie de propriedade potencial sujeita a uma condição suspensiva. A noção de concessão varia consoante se trate de um ato de direito administrativo ou de direito civil.

Em termos administrativos, a concessão de ocupação do domínio público é "um contrato de direito administrativo que confere ao seu beneficiário, mediante remuneração, o direito de utilização inicial de uma parte mais ou menos extensa do domínio público". Em direito civil, é "um contrato pelo qual o proprietário de um edifício cede o uso do imóvel mediante remuneração anual, e por um período de pelo menos vinte anos, a um locatário que pode efetuar benfeitorias à sua escolha e construir". Neste segundo caso, trata-se de uma concessão imobiliária. No entanto, qualquer que seja o estatuto jurídico da concessão, esta é, antes de mais, um acordo voluntário que cria obrigações recíprocas (art. 7.º, n.º 2).

A aquisição de bens imóveis pelas Missões Diplomáticas e Consulares acreditadas nos Camarões só pode ser autorizada sob condição de reciprocidade. A superfície total transferível não pode exceder 10.000m2 para cada missão, exceto em caso de dispensa especial concedida pelo Governo. Em caso de revenda, o Estado dispõe de um direito de preferência na compra do imóvel, tendo em conta o preço inicial, o valor acrescentado e a depreciação. Os actos celebrados para o efeito devem, sob pena de nulidade, ser submetidos à aprovação prévia do Ministro da tutela.

Atribuição de concessões provisórias

A concessão provisória é concedida para projectos de desenvolvimento em conformidade com as opções económicas, sociais ou culturais do país (art. 2.º). A duração da concessão provisória não pode exceder cinco (5) anos. Excecionalmente, pode ser prorrogada a pedido fundamentado do concessionário (art. 3.º). Qualquer pessoa singular ou colectiva que pretenda desenvolver uma parte não ocupada ou explorada do domínio nacional deve apresentar um pedido ao serviço do domínio do local onde se encontra o bem. Este pedido deve ser acompanhado, nomeadamente, de documentos que identifiquem o requerente e o terreno em causa, bem como de um programa de ordenamento que indique as etapas da sua execução.

O desenvolvimento é uma condição essencial do contrato de concessão provisória. Este desenvolvimento do terreno concessionado deve ter como objetivo a realização de um projeto de desenvolvimento em conformidade com as opções económicas, sociais e culturais do país. Por conseguinte, o âmbito e o objetivo do projeto variam e são avaliados de diferentes formas. As concessões com menos de 50 hectares são atribuídas por decreto do ministro responsável pelo património e as concessões com mais de 50 hectares por decreto presidencial. Um caderno de encargos define os direitos e as obrigações do concessionário e do Estado (art. 7).

Concessão definitiva e aluguer de longa duração

A concessão definitiva é um dos meios de acesso à propriedade nos Camarões. No final do período de concessão provisória, a Comissão Consultiva elabora um relatório sobre o desenvolvimento do sítio e emite um relatório que indica o montante dos investimentos efectuados. Se o projeto de desenvolvimento estiver totalmente concluído antes do termo da concessão provisória, o concessionário pode solicitar à Comissão que proceda a esta avaliação. As actas deste relatório são utilizadas para: a) prorrogar a duração da concessão provisória; b) proceder à atribuição definitiva; c) conceder um contrato de arrendamento enfitêutico nas condições previstas no n.º 3 do artigo 10:

O presidente da câmara municipal tem em conta o montante dos investimentos efectuados e só pode propor a concessão definitiva do terreno se este tiver sido urbanizado em conformidade com as condições impostas pelo título de concessão e suas eventuais alterações. Em caso de desenvolvimento parcial do terreno concessionado, o prefeito pode solicitar a concessão permanente da totalidade ou de parte do terreno. Só pode conceder arrendamentos de longa duração a estrangeiros que tenham urbanizado um terreno do domínio nacional (art.10).

Se não for renovado, o contrato de arrendamento termina no termo do período inicial. No entanto, pode ser renovado, consoante o caso, por despacho do ministro responsável pelo património ou por decreto, em aplicação do disposto no artigo 7. O pedido de renovação deve ser efectuado seis meses antes do termo do contrato de arrendamento; o Estado pode exigir investimentos suplementares no momento da renovação. Se o pedido de renovação do arrendamento não for aprovado ou se o arrendamento for rescindido, o destino das despesas é determinado da mesma forma que para os arrendamentos de terrenos do Estado (artigo 11.º).

2.2.3. Sanções por violação dos direitos de propriedade

Nos Camarões, as infracções contra a propriedade fundiária e a propriedade do Estado são todas puníveis com pena de prisão, por vezes acompanhada de uma multa. A pena privativa de liberdade pode ir até 10 anos e a coima até dois milhões de francos CFA, como no caso da falsificação de um documento comprovativo do direito à terra (artigo 314º, nº 2-b, do Código Penal).

Ao longo dos anos, a legislação nos Camarões tendeu a tornar-se cada vez mais severa. Por exemplo, a violação da propriedade fundiária, que era anteriormente punida com uma pena de prisão de 15 dias a 3 anos e/ou uma multa de 25 000 a 100 000 francos (art. 8.º da Portaria n.º 74/1 de 6 de julho de 1974), é atualmente punida com uma pena de prisão de 2 meses a 3 anos e/ou uma multa de 50 000 a 200 000 francos. Para este efeito, são passíveis de multa e de prisão: a) quem utilizar ou permanecer num terreno sem autorização prévia do proprietário; b) os funcionários públicos condenados por cumplicidade em transacções de terrenos susceptíveis de favorecer a ocupação ilegal de bens alheios.

Conclusão

[20]Todo este arsenal jurídico é reforçado pela proteção administrativa do Ministro do Território e dos Assuntos Fundiários e do Ministro da Administração Territorial e da Descentralização. Nestas condições, as acusações de usurpação de terras feitas à China nos Camarões não têm fundamento jurídico.

---

[20]Ibid, p.17

Capítulo 3: A China no mercado das concessões de terrenos agro-industriais nos Camarões

Introdução

Nos últimos anos, tem-se verificado uma tendência crescente para a transferência de terras em grande escala para fins agro-industriais. Estas transferências agrícolas abrangem todos os processos de atribuição, cessão, transferência ou abandono de terras a operadores privados para fins de exploração e de desenvolvimento económico. São efectuadas quer por transferência, alienação, concessão ou venda. Não são novos no mundo. Desenvolveram-se nos países colonizados sob a forma de plantações coloniais de borracha, café, cacau ou algodão. Com a crise alimentar de 2008, aumentaram. Só o continente africano representa 2/3 das terras do mundo adquiridas desta forma. Os Camarões não são exceção. É atualmente um dos países com maior concentração de vendas de terras agro-industriais. Existem várias razões pelas quais as terras deste país são atractivas para as empresas agro-industriais estrangeiras, incluindo as condições agro-ecológicas favoráveis e os preços relativamente baixos das terras. Muitas empresas já garantiram terras aqui, e outras ainda estão a negociar. Embora as estatísticas oficiais sobre as áreas efetivamente atribuídas ainda não estejam disponíveis, entre 2014 e 2015, o Ministério das Terras, Cadastro e Assuntos Fundiários contou mais de vinte empresas que tinham sido premiadas ou estavam em processo de aquisição de concessões de terras. Tendo em conta os objectivos e as ambições das políticas e estratégias de crescimento económico do governo camaronês, não é de excluir que os pedidos e as atribuições se intensifiquem e multipliquem nos próximos dez anos.

O fenómeno da atribuição de terras nos Camarões apresenta um certo número de caraterísticas, nomeadamente a diversificação dos investidores. Se, no passado, eram as empresas tradicionais da agroindústria que se envolviam nas privatizações, atualmente verifica-se um interesse crescente nas concessões de terras por parte de grandes multinacionais, empresas nacionais estrangeiras e grandes empresas locais. A dimensão destas concessões está a aumentar constantemente. [21]Às culturas tradicionais de exportação (cacau, café, algodão, etc.) juntam-se novos produtos como o milho, a borracha, a jatrofa e o óleo de palma.

De acordo com as estatísticas da FAO, os Camarões têm cerca de 6,2 milhões de hectares de terra arável, dos quais 1,3 milhões de hectares, ou seja, pouco mais de 20%, são cultivados. Este potencial, juntamente com a diversidade agro-ecológica dos Camarões, o fácil acesso ao mar e o enorme potencial de irrigação - 240.000 hectares de terras potencialmente irrigáveis para a agricultura, dos quais apenas 33.000 são atualmente irrigados - tornam o país particularmente atrativo para o investimento no sector agrícola. O aumento da procura de terras aráveis, não só a nível mundial mas também a nível nacional e local, é uma tendência que se tem verificado nos últimos anos e à qual os Camarões não escaparam. Esta tendência assumiu duas formas principais: a) *Um aumento do investimento agrícola em busca de terras.* Isto acontece tanto nas grandes agro-indústrias como nas explorações de média dimensão (de algumas dezenas a algumas centenas de hectares, controladas principalmente por elites locais ou nacionais); b) *Pressão sobre as terras agrícolas exercida por actividades não agrícolas.* Os grandes projectos de infra-estruturas (barragens, oleodutos, caminhos-de-ferro, portos de águas profundas, etc.), as concessões florestais e mineiras, as zonas protegidas, todos eles invadem as terras utilizadas pelas comunidades (ou que poderão vir a ser utilizadas num futuro mais ou menos próximo). O seu desenvolvimento rápido e, sobretudo, a sua ocorrência concomitante estão a agravar a escassez de terras nas zonas rurais. [22]Estes desenvolvimentos ocorrem numa altura em que o crescimento demográfico é suscetível de conduzir a um aumento significativo da procura de terras aráveis nas comunidades rurais.

A impressão de abundância e disponibilidade de terras nos Camarões está a alimentar a concorrência económica entre a China e as grandes potências do país, ao ponto de alguns meios de comunicação social e ONG estarem demasiado entusiasmados com a ideia de

---

[21]Samuel Nguiffo e Michelle Sonkoue Watio "Investments in the agroindustrial sector in Cameroon. Aquisição de terras em grande escala desde 2005", pp.2-3
[22]Ibid, p.41

uma apropriação de terras chinesas nos Camarões. Mas qual é a verdade dos factos? Antes de responder a esta pergunta, vejamos primeiro a situação geral do mercado de concessão de terras nos Camarões.

3.1 Inventário das aquisições de terras agro-industriais nos Camarões

A maior parte dos investigadores que se debruçam sobre a questão das aquisições de terras em grande escala nos Camarões, incluindo nós próprios, concordam que é difícil caraterizar os investimentos agrícolas pela sua dimensão. A maior parte das transacções nem sempre cumprem as exigências da legislação fundiária nacional, nomeadamente as que são da competência exclusiva do Ministério do Registo Predial, dos Domínios e dos Assuntos Fundiários. Daí a grande dificuldade em elaborar sistematicamente uma lista exaustiva de todas as aquisições de terras em grande escala nos Camarões.

Quadro 1: Agro-indústrias presentes nos Camarões antes de 2005					
Empresas/jato agrícola	Acionistas	Localização	Superfície atribuída por acordo com o Estado [hectares]	Especulação	Existência de um contrato de arrendamento de longa duração
CDC	Para-estatal	Vários no Sudoeste	102 000	Óleo de palma, borracha, banana	Sim
Pamol	Privado 90 Estado 10% das vendas		41 000	Óleo de palma	Concessão
Socapalm	Bolloré 70	Diversos no Litoral e no Sul	58 000	Óleo de palma	Sim
hevecam Dourado Grupo Milenium [GMG]	Privado [GMG] 90	Departamento dos Oceanos [Sul]	41 000	Hévea	N.c [não conhecido].
Substantivo superior Vale Desenvolvimento Autoridade	N.c	Ndop	136 700	Arroz	N.c

[UNVDA]					
Empresa Açucareira dos Camarões [SOSUCAM]	N.c	Mbandjock Nkoteng	12 000	Cana-de-açúcar + transformação de açúcar	N.c
Projeto de desenvolvimento rural do Monte Mbappit [MINADER]	N.c	Substantivo	1200	Rit + produtos da horta	N.c
SOCAPALM [antiga Quinta Suíça]	N.c	Edéa	3793	Óleo de palma + transformação em óleo de palma	N.c
SOCAPALM [anteriormente SAFACAM]	Empresas estatais e privadas camaronesas e estrangeiras	Dizangué	4870	Borracha + óleo de palma	N.c
Plantações de aldeia, Sanaga Maritime	N.c	Sanaga Marítimo		Borracha + óleo de palma	N.c

Chá Ndawara Património	Privado	Noroeste	N.c	Chá	N.c

Fonte: Samuel Nguiffo e Michelle Sonkoue Watio, 2015, pp.14-15

Quadro 2. Aquisições de terras nos Camarões em MATRIZ DE TERRAS

Objetivo País	Primário Investidor	Secondara e investidor	Segundo ano País investidor	Intenção de investidores t	Negociação Estado	Implementação Estado	Objetivo Tamanho (ha)	Contraindicado Tamanho (ha)
Câmara de vídeo n	Palma Recursos Camarões Limitada	Biopalm Energy Limited	Singapura	Agricultor e	[2011] Incluído (Contacto assinado)	[2014] Projeto não iniciado	200 000	3 348
Câmara de vídeo n	Sul- Camarões Hevea S.A	GMG Global Ltd SPPH	Singapura França	Agricultor e	[2013] Incluído (Contrato assinado)	[2013] arranque Fase (sem produção)	65 000	45 000
Câmara de vídeo n	Plantações enja Do topo P (PHP)	Empresa de fruta	França	Agricultor e	[2014] Incluído (Contrato assinado	[2014] Projeto não iniciado	800	800
Câmara de vídeo n	Justin Açúcar Moinhos	Justin Açúcar Ltd	Reino Unido da Grã- Bretanha e Irlanda do Norte	Agricultor e	[2013] Incluído (Contrato assinado)	[2014] Arranque Fase (sem produção)	54 632	54 632
Câmara de vídeo n	Sino- Câmara Iko Ltd	Shaanxi Land Reclamation General Corporation	China	Agricultor e	[2006] Conduzido (Contrato assinado)	[2010] Fase de arranque (sem produção)	10 120	10 120

Camarões n	SG Sustentável <u>Óleos</u> Camarões, Ltd. (SGSOC)	Heraklès Capital	Unidos Estados de América	Agricultor e	[2013] Conduzido (Contrato assinado)	[2011] Fase de arranque (nenhuma produção n)	100 000	19 843

Fonte : Land Matrix

Comparando estes dois quadros, é óbvio que contêm dados mais ou menos diferentes. A principal dificuldade reside no facto de ser muito difícil recolher dados fiáveis sobre os investimentos agrícolas em grande escala nos Camarões. Isto deve-se à ausência de uma base de dados governamental que centralize todas as transacções neste domínio. Do mesmo modo, muitos anúncios são feitos em total desrespeito pela realidade. Alguns investimentos anunciados realizam-se por vezes em zonas diferentes e em áreas diferentes, sem que os anúncios iniciais sejam alterados na imprensa e noutros documentos publicitários.

A única certeza é que estas aquisições de terras estão a aumentar, e os actores também flutuam ao longo dos anos, incluindo as culturas previstas. Entre 2005 e 2013, por exemplo, cerca de 40 empresas agro-industriais solicitaram e obtiveram uma qualquer forma de acordo que lhes confere direitos sobre terras do domínio nacional.[23] A maioria dos investidores que escolheram os Camarões desde 2005 são empresas estrangeiras, por vezes em associação com nacionais (pessoas singulares ou colectivas), o que permite a alguns deles celebrar acordos diretamente com as comunidades locais, contornando a legislação fundiária nacional aplicável, ou com o Estado, sob a forma de contratos de arrendamento, concessões provisórias ou acordos tácitos.

No que respeita à evolução destas transacções de terras, entre 2009 e 2012, verificou-se

---

[23]Samuel Nguiffo e Michelle Sonkoue Watio "Investment in the agroindustrial sector in Cameroon. Large-scale land acquisitions since 2005", IIED e CED, 2015, p.28

um aumento do número de pedidos de terras aráveis e um aumento significativo da área pedida. No final, o número de transacções de terrenos concluídas (provisória ou definitivamente) foi muito inferior ao número de transacções anunciadas. Assim, para o período em análise, foram registadas 11 transacções na categoria de terras em concessão provisória ou definitiva (1 provisória e 10 definitivas), ou seja, um terço das 33 transacções anunciadas no total. No entanto, em algumas concessões, as actividades (como o piqueteamento, a demarcação, o abate, os viveiros e a produção) foram iniciadas quando o processo de negociação ainda estava em curso. [24]Em suma, há mais concessões em funcionamento do que concessões definitivas ou provisórias. As superfícies pedidas nos últimos dez anos são cada vez maiores em comparação com as anteriores ou posteriores a 2005.

---

[24]Ibid, p.29

Quadro 3. Duração dos contratos de concessão de terrenos atribuídos ao sector agroindustrial nos Camarões	
Empresa em causa	**Prazo de aluguer**
SGSOC [SG Sustainable Oils Cameroon] [SG Sustainable Oils Cameroon	99 anos no acordo de estabelecimento e 3 anos de concessão provisória nos decretos presidenciais de 25 de novembro de 2013
Sino Cam Iko Desenvolvimento agrícola	20 anos, eventualmente renováveis por acordo entre as partes, a partir da data de disponibilização dos sítios[21]
HEVECAM	99 ANOS
SOSUCAM	90 ANOS
Pamol Plantations PLC	90 anos de idade
Socapalm	60 anos de idade
CDC	60
Quintas de West End	50 anos de idade
Tchassen Holding	30 anos de idade
PHP [Société des plantations du Haut Penja].	25 anos de idade
Sagex	10 anos

| Kawtal Demi | 10 anos |
| Biopalm Energy Ltd | 3 anos [concessão provisória] |

Fonte: Samuel Nguiffo e Michelle Sonkoue Wation

Para além destes pedidos das empresas agro-industriais, existem pedidos individuais para um total de 800.000 hectares. As atribuições mais publicitadas dizem muitas vezes respeito a grandes áreas. Muitas pessoas perdem de vista a escala das aquisições mais pequenas por parte da elite.

As elites nacionais e as empresas que lhes pertencem apoderam-se cada vez mais de terras. Estas aquisições são geralmente efectuadas nas zonas comunais da comunidade de origem do comprador, que mobiliza assim duas lógicas contraditórias para satisfazer os seus interesses pessoais: a lógica comunitária, que lhe dá acesso às zonas comunais das terras da aldeia, e a lógica do Estado, que lhe dá o direito de se apropriar delas a título privado.

É de salientar que é ainda mais difícil obter informações sobre as superfícies controladas por empresas privadas detidas por cidadãos dos Camarões. Quer sejam estrangeiros, mistos ou nacionais, todos estes investidores querem produzir culturas rentáveis, se não altamente rentáveis, nos mercados locais e internacionais. Isto explica, sem dúvida, porque é que as autoridades do MINADER decidiram, no final de 2013, reorientar alguns destes investidores para outras culturas.

3.2. *A "apropriação" de terras chinesas nos Camarões: desejo ou realidade?*

Tal como em vários países africanos, os Camarões, pela voz da mais alta autoridade do Estado, adoptaram uma política económica centrada na atração do investimento direto estrangeiro como motor de crescimento para a emergência dos Camarões até 2035. No sector fundiário, este objetivo reflecte-se numa instrução presidencial destinada a incentivar os investimentos agrícolas em grande escala, conhecidos como agricultura de segunda geração, e na necessidade de adotar reformas para facilitar o acesso à terra por parte dos investidores no sector agrícola. Desde este anúncio histórico, os pedidos de investidores internacionais e nacionais têm chegado aos três ministérios (MINADER, MINFOF e MINDCAF) responsáveis pelos diferentes aspectos da posse da terra.

Nesta corrida ao território, em que as grandes potências económicas - União Europeia, Estados Unidos e China - disputam a sua posição, as estratégias de acesso à terra diferem de um ator para outro. Enquanto uns passam pelas vias legais, celebrando acordos com o Estado, outros negoceiam diretamente com as comunidades através de nacionais que já adquiriram as terras, muitas vezes por um franco simbólico. Neste confronto estratégico, a China foi acusada de usurpação de terras nos Camarões. Qual é a situação de fundo? É esta a principal preocupação deste livro. Antes de entrar em qualquer análise, convém fazer um balanço das aquisições e solicitações de terras chinesas nos Camarões.

<table>
<tr><td colspan="8" align="center">Quadro 4: Áreas requeridas ou adquiridas pela China nos Camarões</td></tr>
<tr><td>Empresa</td><td>Área Solicitado</td><td>Domínios obtidos</td><td>Zonas urbanizadas</td><td>Existência de um contrato de arrendamento de longa duração</td><td>Localização</td><td>Projeto agrícola</td><td>Extensão planeada</td></tr>
<tr><td>HEVECAM - GMG</td><td>41 000</td><td>41 000</td><td>22 000</td><td>SIM</td><td>Departamento do Oceano Austral da Nieté</td><td>Hevea</td><td>N.c</td></tr>
<tr><td>Sul-Camarões Hevea</td><td>45 200</td><td>45 200</td><td>N.c</td><td>SIM</td><td>Meyo messala Meyomessi Djoum Região do Sul Dja e Lobo</td><td>Óleo de palma, Hevea</td><td>N.c</td></tr>
<tr><td>Grupo Chinês</td><td>4000</td><td>N.c</td><td>N.c</td><td>N.c</td><td>N.c</td><td>Arroz, gado</td><td>N.c</td></tr>
<tr><td>Sino Cam Iko Agricultura</td><td>10,0004ha</td><td>6000ha</td><td>100ha</td><td>SIM</td><td>Nanga-Eboko [5000 ha] Ndjoré [1000ha] Santchou [4000ha] Noun [2 ha] Limbe [2 ha]</td><td>Arroz Mandioca Soja Milho Pecuária</td><td>Sim</td></tr>
</table>

Fonte: Inquéritos MINADER, MINFOF, MINDCAF

Este quadro mostra a existência de um contrato de arrendamento entre estas empresas agro-industriais chinesas e o Estado dos Camarões. Este facto implica, sem dúvida, a existência de um contrato e, portanto, de uma abordagem jurídica em termos de estratégia de acesso à terra.

A GMG (uma filial da Sinochem International) adquiriu a antiga empresa camaronesa HEVECAM em 1996, no âmbito do processo de privatização do Estado. No que diz respeito à Sud-Cameroun Hévéa, detida a 80% pelo Sinochem Intenational Group, com sede em Singapura, foi na sequência de uma audiência concedida pelo Secretário-Geral da Presidência da República dos Camarões, Ferdinand Ngoh Ngoh, ao Sr. Liu Deshu, em 24 de maio de 2011, que foi assinado, em dezembro de 2011, um acordo de 410 milhões de dólares entre esta empresa e o Governo dos Camarões para o desenvolvimento de 45.200 hectares de plantações de óleo de palma e de borracha em Meyomessale, Meyomessi e Djoum, na região Sul. Quanto à Sino Cam Iko Agriculture, a sua presença no sector fundiário agrícola dos Camarões surge na sequência da assinatura de um memorando de entendimento, em 13 de janeiro de 2006, e de um acordo-quadro, em 24 de março de 2010, entre o Governo dos Camarões, a *Integrate-Industry-Commerce Corporation Of Shaanxi Reclamation & States Farms e* o *Banco de Desenvolvimento da China.*

Conclusão

As muitas acusações de apropriação de terras chinesas nos Camarões são um mito. O quadro das solicitações e aquisições de terras chinesas nos Camarões é disso prova cabal. Apesar destes poucos elementos, e dada a complexidade deste fenómeno a nível nacional nos Camarões, longe de ter a ambição de ser exaustivo, esta demonstração tem uma vocação mais modesta, contentando-se em indicar tendências, com base em informações recolhidas durante as nossas várias leituras e inquéritos no terreno. De certa forma, este livro é uma contribuição para a reflexão sobre a questão da aquisição de terras no contexto dos Camarões, tentando assim dar uma visão geral da situação das transacções de terras agro-industriais neste país, nomeadamente no que diz respeito à China, indicando ao mesmo tempo o direito aplicável neste domínio.

Capítulo 4: Compreender as questões relacionadas com as acusações de apropriação de terras chinesas na África Subsariana

Introdução

A presença eclética da China nas economias da África subsariana nos últimos anos parece irritar fundamentalmente as potências tradicionais, que durante muito tempo consideraram a África como uma reserva a soldo das grandes instituições financeiras mundiais, que parecem ter uma visão do desenvolvimento africano que está em contradição com o que a África quer de si própria. A título de exemplo, o período negro do ajustamento estrutural que assolou África a nível macroeconómico é bastante ilustrativo dos diktats impostos a África. A nível microeconómico, nos Camarões, o Estado foi obrigado a privatizar um grande número de empresas para-estatais, a maioria das quais foi adquirida por grandes grupos ocidentais.

A África é também vítima da pobreza, de pandemias de todos os tipos, de guerras civis e tribais recorrentes, da instabilidade política e da deserção de certos actores tradicionais. Face a esta situação, a China apresenta-se como uma alternativa para uma África que aspira a sair das profundezas do subdesenvolvimento. A China parece ter compreendido melhor do que os actores ocidentais que a África tem défices em todos os domínios da sua economia, nomeadamente em termos de infra-estruturas, que remontam, na sua maioria, ao período colonial. Este facto parece justificar o modelo de desenvolvimento proposto pela China. Um modelo que representa uma rutura total com os modelos ocidentais, que são condicionados pela prática da democracia, da transparência e, sobretudo, da boa governação.

Ao contrário dos actores ocidentais e, por extensão, das instituições financeiras internacionais (IFI), a China não impõe condições prévias como a democracia ou o respeito pelos direitos humanos (Courmont & Lewis, 2007; Carmody & Owusu, 2007). Aos olhos dos dirigentes africanos, a China representa a esperança de um outro mundo que dá prioridade ao pão sobre o direito de voto (Ndubisi Obiorah, 2011).

A virulência das críticas ocidentais à China não deixa de ser espantosa, sobretudo se tivermos em conta que, durante muito tempo, pelo menos até ao início dos anos 2000, a África não atraiu os investidores ocidentais como acontece atualmente. De facto, os Estados Unidos e a União Europeia abandonaram África após a Guerra Fria. Paradoxalmente, a UE manteve as suas relações com o Norte de África, ao passo que foi preciso muito tempo para se dignar a definir uma política para a África Subsariana.

Durante mais de quinze anos, a UE esteve fortemente envolvida no Norte de África através de três iniciativas: o Processo de Barcelona (1995), a Política Europeia de Vizinhança (2004) e a União para o Mediterrâneo (2008). Só em dezembro de 2005 é que a UE apresentou a sua *Estratégia da UE para África*, baseada em três princípios: 1) igualdade, assente no reconhecimento e respeito mútuos das instituições e na definição de interesses colectivos e mútuos; 2) parceria, ou seja, o desenvolvimento de laços baseados na cooperação comercial e política; 3) apropriação, o que implica que as estratégias e políticas de desenvolvimento devem ser específicas dos países em causa e não impostas do exterior. (Struye de Swieland, 2010). Em outubro de 2008, a UE propôs um documento intitulado "A UE, a África e a China: para um diálogo e uma cooperação trilateral", uma série de iniciativas trilaterais baseadas em três princípios - pragmatismo e progressividade, abordagem partilhada, eficácia da ajuda - e quatro objectivos concretos a atingir. [25]No terreno, estas declarações e iniciativas não foram ouvidas, tendo a China preferido seguir a sua própria política.

As críticas que abundam sobre a CHINAFRIQUE explicam-se provavelmente em parte pela rejeição pela China da ideia de uma parceria China-Europa em África. As críticas ocidentais à China podem também ser explicadas pelo facto de :

- A China recusa-se a aderir a certas normas adoptadas pelos países do CAD,
- Continua a manter relações com Estados que foram ostracizados pela comunidade internacional,
- Recusa-se a cumprir o objetivo de consagrar 0,7% do seu rendimento nacional bruto à ajuda pública ao desenvolvimento,

---

[25]*Ibid*, p.112.

- O seu método de contabilização da ajuda difere do adotado pelos países do CAD,

[26]- Continua a manter o bloqueio a vários outros metais não raros, para além das "terras raras", relativamente às quais foi forçado pela Organização Mundial do Comércio, no final de 2011, a levantar as restrições às suas exportações através de quotas, na sequência de uma queixa apresentada pelos Estados Unidos, a União Europeia e o Japão.

4.1. O debate sobre a presença chinesa nas terras agrícolas da África Subsariana

A presença chinesa nas terras agrícolas da África Subsariana é objeto de muita controvérsia. [27]Muitos acusam a China de se dedicar à apropriação de terras em grande escala, enquanto os dados da Land Matrix (2013) contradizem esta perceção, mostrando, pelo contrário, que as aquisições de terras públicas ou privadas da China representam apenas 290 000 hectares, 15 vezes menos do que os Emirados Árabes Unidos e mais de 6 vezes menos do que o Reino Unido. [28]Além disso, a África também não é um continente prioritário para a China, que adquire quase o dobro das terras na América do Sul e no Sudeste Asiático.

A China é também erradamente considerada como um dos principais financiadores da agricultura na África Subsariana. Apesar de o seu financiamento ter vindo a aumentar constantemente desde 2008, o montante da sua ajuda continua a ser baixo em comparação com o dos países da OCDE, que totalizou cerca de 130 milhões de dólares entre 2009 e

---

[26]As "terras raras", também conhecidas como "lantanídeos" (cério, neodímio, európio, disprósio, térbio, ítrio, etc.), desempenham um papel fundamental na indústria eletrónica (ecrãs, discos rígidos) e nas tecnologias ecológicas (turbinas eólicas, automóveis híbridos). Com 97% da produção mundial dominada pela China, as terras raras tornaram-se uma questão importante tanto para as indústrias de alta tecnologia como para os governos. Os chineses compreenderam a importância estratégica destes metais já na década de 1980. Na altura, os outros países confiavam no comércio livre para garantir o acesso fácil a estes recursos, pelo que não desenvolveram a sua produção. A China, pelo contrário, fê-lo, sem ter em conta os condicionalismos ambientais, o que lhe permitiu substituir os Estados Unidos como primeiro produtor mundial.
Os países estrangeiros vêem a atitude da China como uma ameaça. Para sair da crise, estão a apostar na alta tecnologia, que necessita de terras raras. A China tem mais ou menos o mesmo objetivo e procura reorientar a sua economia para um maior valor acrescentado. As terras raras são um elemento importante da sua estratégia de poder. Utilizou-as, nomeadamente, contra o Japão, com quem está em conflito por causa de questões territoriais no Mar da China.
[27]Jean-Jacques Gabas e Xiaoyang Tang, *Ibid.*
[28]*Ibid.*

2012, em comparação com os 3 mil milhões de dólares de compromissos assumidos pelos doadores bilaterais e multilaterais do CAD para a agricultura e o desenvolvimento rural só em 2012.

4.2. Esclarecimento das acusações de usurpação de terras chinesas nos Camarões

As acusações de usurpação de terras pela China nos Camarões são pura invenção e desinformação. Os Camarões dispõem de todo um arsenal jurídico em matéria de gestão fundiária, nomeadamente o decreto colonial de 21 de julho de 1932, que instituiu o sistema de registo fundiário nos Camarões, seguido das portarias 74/1 e 74/2 de 6 de julho de 1974, que estabelecem o regime de posse e propriedade fundiária, bem como dos respectivos decretos de aplicação.

O regime de propriedade fundiária dos Camarões - e esta é a principal preocupação deste livro - prevê a transferência de terras para investidores estrangeiros através da Lei n.º 80-21, de 14 de julho de 1980, que altera e completa certas disposições da Portaria n.º 74-1, de 6 de julho de 1974, que estabelece o regime de propriedade fundiária.

O regime de propriedade fundiária dos Camarões protege igualmente a propriedade fundiária, impondo sanções em caso de violação dos direitos de propriedade fundiária. Existem igualmente mecanismos de resolução de litígios fundiários, nomeadamente medidas judiciais e administrativas. No entanto, como a lei é o produto das pessoas, seria ilusório pensar que a lei fundiária dos Camarões escapa à realidade trivial que é comum a quase todas as sociedades, nomeadamente o desfasamento entre a lei e a sua aplicação. Daí os numerosos disfuncionamentos

A vontade de perverter, truncar ou distorcer deliberadamente a informação, que parece caraterizar atualmente certos meios de comunicação ocidentais, levanta no entanto um problema de ética na profissão de jornalista. Isto levanta questões sobre os deveres profissionais dos jornalistas. Em França, a Carta dos Jornalistas Profissionais, cujo espírito permanece o mesmo, foi adoptada pelo SNJ em julho de 1918 e alterada em 1938. Esta Carta estipula que :

"O jornalista digno desse nome assume a responsabilidade de todos os seus escritos, mesmo que sejam anónimos; considera a calúnia, as acusações sem provas, a alteração de documentos, a distorção de factos e a mentira como as infracções profissionais mais graves; reconhece apenas a jurisdição dos seus pares, que são soberanos em matéria de honra profissional, só aceita tarefas compatíveis com a dignidade profissional, abstém-se de invocar um título ou uma qualidade imaginária, de utilizar meios desleais para obter informações ou de surpreender a boa fé de quem quer que seja, não recebe dinheiro de um serviço público ou de uma empresa privada ou da sua qualidade de jornalista não usa o seu nome para assinar artigos de publicidade comercial ou financeira, não comete plágio, não cita colegas de quem reproduz qualquer texto, não solicita a posição de um colega, nem provoca o seu despedimento oferecendo-se para trabalhar em condições inferiores, [29]mantém o sigilo profissional, não utiliza a liberdade de imprensa para fins egoístas, reivindica a liberdade de publicar informações com honestidade, considera o escrúpulo e a preocupação com a justiça como regras primordiais e não confunde o seu papel com o de um polícia" .

Infelizmente, os clichés actuais sobre CHINAFRIQUE sugerem que o jornalismo se rege apenas pelas regras do marketing editorial. Claro que é preciso interessar e atrair, senão o jornal morre. Mas os jornalistas também precisam de ter uma função social e perguntar a si próprios qual é o objetivo do seu artigo. Na nossa opinião, os jornalistas devem descrever a realidade tal como ela existe, sem rodeios ou tabus - é esse o seu trabalho. Os jornalistas não são juízes cuja função é proferir sentenças. Também não é função do jornalista fazer mal aos outros ou elogiar os "poderosos". Perante fluxos de informação e de media que transbordam de todos os lados, os jornalistas podem continuar a ser pontos de referência se souberem selecionar as informações pertinentes e classificar os diferentes elementos de informação. [30]Caso contrário, como diz o sociólogo Jean-Marie Charon, a situação pode dar origem a um "grande mal-entendido" entre os jornalistas e o seu público. Uns achariam que estão a fazer o seu trabalho da melhor forma possível, enquanto outros achariam que os jornalistas não estão a corresponder às suas expectativas.

---

[29]Francois Jost, 50 fiches pour comprendre les médias, Paris, Bréal, 2009, p.26
[27]ss Citado por Francois Jost, Op.cit.

É por isso que nos congratulamos por ter ido para o terreno esclarecer a presença da China na propriedade agrícola camaronesa, com base nos conselhos metodológicos de Émile Durkheim que, em *As Regras do Método Sociológico,* apresenta uma abordagem metodológica em três etapas, nomeadamente a definição do fenómeno, a refutação das interpretações anteriores e a explicação puramente sociológica do fenómeno considerado. A abordagem metodológica de Durkheim é um convite a libertar-se de preconceitos, pressupostos e, em última análise, de ideias recebidas, para se submeter rigorosamente à disciplina da dúvida metódica.

De acordo com a abordagem metodológica de Durkheim, optámos pela abordagem compreensiva. A sociologia compreensiva caracteriza-se por uma triangulação entre a teoria, o terreno e o investigador. Põe em causa a ideia de exterioridade do investigador em relação ao seu objeto de estudo. Esta abordagem evita que nos pareçamos com os jornalistas cujos métodos criticamos. Além disso, seguindo os passos de Pierre Bourdieu, os sociólogos desenvolveram, com razão, uma crítica do "campo jornalístico". O essencial desta crítica é que os jornais têm como objetivo ganhar dinheiro, que o lado comercial se sobrepôs ao lado editorial e que, embora nem todos os jornalistas sejam uns vendidos, muitos deles aceitam trabalhar para os anunciantes e estão sujeitos a pressões de todos os quadrantes. Estamos amplamente de acordo.

No entanto, mesmo que a China e outros actores estrangeiros no mercado de concessão de terras nos Camarões possam ser exonerados das acusações de usurpação de terras, o Estado camaronês, que consideramos ser parcialmente responsável pela disseminação de rumores sobre a usurpação de terras por parte da China nos Camarões, não pode ser isento de toda a culpa. Com efeito, as aquisições de terras estrangeiras, nomeadamente chinesas, ocorrem nos Camarões num contexto social marcado pelo impacto da legislação fundiária moderna sobre os direitos fundiários das comunidades locais e autóctones.

Esta situação extraordinária tem a sua origem, tanto política como jurídica, na aplicação persistente de certas leis coloniais. Na época do colonialismo, era conveniente negar aos "nativos" a propriedade da terra em que eles e os seus antepassados sempre viveram, a fim de se apropriarem da maioria dos recursos. A terra foi proclamada propriedade do Estado e os proprietários tradicionais foram designados como meros ocupantes e utilizadores tolerados da terra. Praticamente toda a África subsaariana foi afetada [a situação dos povos indígenas é quase idêntica]. Desde o início, os bens de natureza colectiva, como as florestas e as pastagens, foram os mais vulneráveis à expropriação. Mesmo quando a terra era ativamente ocupada e utilizada, os interesses do Estado [o governo, para ser mais preciso] tinham precedência. Com o tempo, estas medidas foram legitimadas pelos interesses das elites políticas e económicas emergentes que monopolizavam a terra.

[31]No caso dos Camarões, o governo foi mais longe, aproveitando a oportunidade, através das leis fundiárias de 1974, para eliminar as oportunidades criadas pelas leis fundiárias coloniais que permitiam às comunidades rurais registar as suas próprias propriedades, oferecendo-lhes assim um certo grau de proteção. Conscientes de que esta situação é suscetível de se deteriorar ainda mais a longo prazo, sugerimos que o Estado camaronês, do ponto de vista da gestão eficaz do vasto património fundiário dos Camarões, desenvolva uma política inclusiva que integre a coabitação do direito escrito e do direito consuetudinário. Com efeito, embora os Camarões sejam um verdadeiro mosaico étnico, cuja extensão varia de uma região para outra, de um povo para outro, e embora tenha mais de 230 grupos étnicos, pelo menos se considerarmos as línguas faladas, e embora num tal contexto de pluralidade cultural, os modos de vida e as visões dos povos sejam muito diferentes, e embora, neste contexto de pluralidade cultural, os modos de vida e as visões dos povos sejam muito diferentes, os modos de existência e as visões do mundo não sejam necessariamente idênticos e muito menos automaticamente compatíveis, existem, no entanto, certos princípios gerais, certos elementos comuns que, no domínio do direito fundiário tradicional, permitem falar de uma conceção comum da propriedade fundiária tradicional.

Se o primeiro objetivo deste livro é esclarecer as acusações de usurpação de terras chinesas nos Camarões, o segundo objetivo é exortar as autoridades públicas dos Camarões a adoptarem uma abordagem inclusiva da gestão das terras. O governo camaronês poderia, por exemplo :

---

[31]Liz Alden Wily, "Whose land is it? The status of customary land ownership in Cameroon", Ed Fenton, 2011, p.13

- Tentativa de regresso às fontes históricas do direito fundiário, através do restabelecimento de um sistema de propriedade fundiária consuetudinária assente em instituições tradicionais.
- Delimitar o território das comunidades no quadro de um regime de propriedade colectiva materializado por um título de propriedade da terra emitido em nome da comunidade. O título de terra comunitário teria, assim, os mesmos atributos que os outros documentos de certificação da propriedade fundiária.

Isto deixaria de fora a questão específica das comunidades florestais indígenas, que não estão familiarizadas com a propriedade privada da terra ou dos recursos naturais e cuja relação com a terra e as florestas dificilmente poderia ser abrangida pelo regime de recursos de propriedade comum, na medida em que não prevêem a exclusão de pessoas não indígenas da utilização da floresta (Wily, 2008).

Conclusão

Se as notícias sobre a apropriação de terras chinesas nos Camarões veiculadas pelos meios de comunicação social internacionais e pelas ONG são, a nosso ver, problemáticas, o mesmo não se pode dizer da atitude do Estado camaronês face ao contexto social em que se desenrolam as aquisições de terras estrangeiras: o pluralismo jurídico, a colisão entre o direito moderno e o direito consuetudinário, a apropriação elitista de terras, a falta de informação pública sistemática sobre as actividades relacionadas com as concessões de terras agro-industriais, a lentidão do Estado em tomar decisões para sancionar o comportamento marginal de certas agro-indústrias estrangeiras,a marginalização das populações autóctones do processo de atribuição e gestão das concessões de terras, são factores que podem levar o público em geral e certas populações locais a dar crédito às alegações de apropriação de terras chinesas nos Camarões.

Conclusão geral :

Falta de instrumentos para informar sistematicamente o público em geral sobre os mecanismos de concessão de terras agro-industriais

O sistema jurídico dos Camarões é constituído por normas classificadas em duas categorias: a) normas de origem interna, que emanam de instituições ou autoridades camaronesas; b) normas de origem internacional, que são disposições que regem o acesso à informação, emanadas de organismos internacionais e aplicáveis como normas obrigatórias no território camaronês. As regras e instituições relativas à transparência no processo de atribuição e gestão das concessões fundiárias encontram-se na Constituição, nomeadamente na Lei 90/053, de 19 de dezembro de 1990, que rege o associativismo, no Decreto 74-1, de 6 de julho de 1974, que estabelece o regime de propriedade fundiária, no Decreto 76-166, de 27 de abril de 1976, que fixa as modalidades de gestão do domínio nacional, e no Decreto 76-165, de 27 de abril de 1976, que fixa as condições de obtenção de um título fundiário. Este quadro jurídico é completado pela Instrução n.º 000006/Y.18/MINDAF/D300, de 29 de dezembro de 2005, relativa ao funcionamento da Comissão Consultiva, nomeadamente no que diz respeito às formalidades prévias à atribuição de um terreno para um projeto.

No entanto, a análise destes textos revela que as disposições legais e institucionais dos Camarões relativas ao acesso à informação no processo de atribuição e gestão das concessões de terras têm duas caraterísticas principais: 1) são desfavoráveis ao acesso direto à informação; 2) mostram uma preferência pelo acesso indireto à informação. Para além da publicação dos avisos de adjudicação na prefeitura e na subprefeitura do local onde se situa o terreno, a publicação de um decreto ou de um despacho é uma operação que escapa às comunidades e às organizações da sociedade civil e só por acaso consultam o Jornal Oficial, que não é suficientemente acessível. Este apenas fornece informações sobre o resultado do processo de atribuição.

No entanto, três instrumentos dão ao público acesso direto à informação sobre as transacções de terras. São eles: a) o documento de política fundiária; b) o plano de utilização das terras e o instrumento de registo fundiário; c) o cadastro.

O documento de política fundiária é o documento através do qual o Estado indica as grandes orientações que pretende dar à afetação das terras no seu território. É um instrumento primordial de transparência, na medida em que permite aos cidadãos, aos investidores e a qualquer outra parte interessada conhecer as intenções do legislador e saber se as concessões têm ou não prioridade nas escolhas efectuadas.

O plano de ocupação do solo é o documento através do qual as autoridades repartem os terrenos do território e indicam o destino de cada espaço ou bloco de espaço. Permite aos potenciais investidores e ao público conhecer os terrenos disponíveis para concessão. Permite que as pessoas que reivindicam direitos sobre os terrenos se apresentem.

O governo camaronês lançou estudos para produzir estes dois documentos, que ainda estão em fase de elaboração e que, por conseguinte, não são úteis para quem procura informações sobre as transacções de terras actuais ou futuras nos Camarões.

O *registo predial.* Nos Camarões, este documento apenas regista as transacções de terras registadas, o que não é o caso das concessões. Regista as concessões finais, mas apenas com vista a transformá-las em títulos de propriedade. Isto significa que não fornece informações sobre o processo de atribuição e gestão das concessões de terras.

Além disso, não existe qualquer obrigação de publicação das informações imposta às partes contratantes. De facto, não existe qualquer texto na legislação camaronesa que obrigue as partes num contrato de transferência a disponibilizar o conteúdo do seu acordo a terceiros. Os Camarões respeitam rigorosamente o princípio do efeito relativo dos contratos, o que significa que o contrato é a lei das partes. [32]Este princípio está consagrado no artigo 1165.º do Código Civil, que estabelece que: "As convenções só produzem efeitos entre as partes contratantes, não prejudicam terceiros e só os beneficiam nos casos previstos no artigo 1121. Uma vez que os contratos não prejudicam nem beneficiam terceiros, não têm necessariamente de ser levados ao seu conhecimento. As partes podem mesmo, através de uma cláusula expressa, impor a si próprias a obrigação de não divulgar

---

[32.]O artigo 1121.º trata da estipulação a favor de um terceiro, quando o contrato celebrado se destina a produzir efeitos a favor de uma pessoa que não era parte.

informações relativas ao seu acordo. Têm, por conseguinte, o direito de conduzir as negociações de forma sigilosa e de não revelar a terceiros o conteúdo do seu acordo. No entanto, o contrato de concessão,

embora celebradas pelo Estado, beneficiam ou podem prejudicar indiretamente terceiros, nomeadamente as populações vizinhas, em termos sociais e ambientais. [33]É certamente para relativizar este princípio que as orientações e os princípios internacionais neste domínio recomendam que os Estados tenham em conta os terceiros nestas transacções.

Concretamente, nos Camarões, o nível de conhecimento das comunidades sobre a aquisição de terras por uma empresa é linear segundo o seguinte esquema: nome da empresa, actividades exercidas, nacionalidade dos dirigentes, destino dos produtos, data de constituição, existência ou não de um projeto de extensão, superfície concedida e duração do contrato de arrendamento. As informações mais facilmente disponíveis dizem respeito ao nome da empresa e à natureza das suas actividades. No entanto, duas informações cruciais para uma parceria equilibrada entre as comunidades e a empresa são praticamente inexistentes a nível local: a superfície concedida à empresa e a duração do seu contrato.

---

[33]Pierre Etienne Kenfack, Le cadre légal et institutionnel de l'accès à l'information dans le processus d'attribution et de gestion des concessions foncières agro-industrielles au Cameroun, RELUFA, 2015, PP.26-27

Bibliografia

Obras gerais

Autret (Florence.), *Les manipulateurs. Le pouvoir des lobbys,* Paris, Denoel, 2003, 240p

Aron (Raymond.), *Les étapes de la pensée sociologique,* Paris, Gallimard, 2010, 662p.

Ayissi (Lucien.), *Corruption et gouvernance,* Yaoundé, Presses Universitaires, 2003, 187p.

Badie (Bertrand.), *La diplomatie de l'intrus : l'entrée des sociétés dans l'arène internationale,* Paris, Fayard, 2008, 283p.

Badie (Bertrand.), *La diplomatie de connivence : les dérives oligarchiques du système,* Paris, La Découverte, 2011, 270p.

Bacqué (Marie-Hélène.), e Sintomer (Yves.), *La démocratie participative : Histoire et généalogie*, Paris, La Découverte, 2011, 288p.

Baillet (Jerôme.), *l'exclusion : définitions et mécanismes,* Paris, Hachette, 1996,209p.

Breton (Philippe.), *La parole manipulée,* Paris, La Découverte, 2000, 225p. Caillé (Allain.), *La quête de reconnaissance : nouveau phénomène social,* Paris, La Découverte, 2007, 304p.

Coste (thierry.), *Le vrai pouvoir d'un lobby. Les politiques sous influence,* Paris, Bourin, 2006, p.317.

Colonomos (Ariel.), *La morale dans les relations internationales,* Paris, Odile Jacob, 2005, 368p.

Dérathé (Robert.), *Jean-Jacques Rousseau et la science politique de son temps*, Paris, Vrin, 1995, 492p.

Flahault (François.), *Où est passé le bien commun ?*, Paris, Mille et une nuit, 2011, 256p.

Goguel d'Allonsdans (Alban.), *L'exclusion sociale : les métamorphoses d'un concept (1960-2000),* Paris, L'Harmattan, 2003, 167p.

Gueyenot (Claude.), *L'insertion : discours, politique et pratique,* Paris, L'Harmattan, 1982,221p.

Howard (Becker.), *Comment parler de la société,* Paris, La Découverte, 2009, 316p.

Jost (François.), *50 fiches pour comprendre les médias,* Paris, Bréal, 2009,158p

Kubler (Daniel.), Maillard (Jacques.), *Analyser les politiques publiques,* Grenoble, Presses Universitaires, 2009, 224p.

*eme*Lemieux (Vincent.), *L'Etude des politiques publiques : les acteurs et leur pouvoir, 2 edição,* Laval, Presses de l'Université, 2002, 195p.

Michel (Richard.), *Les doctrines du pouvoir politique,* Paris, Collection Synthèse, 1986, 189p.

Monondzana (Hubert.), "La mondialisation: gouvernance et transparence", Yaoundé, 2004, 106p.

Orsena (Erik.), *Un monde de ressources rares,* Paris, Perrin-Descartes et Cie, 2007, 209p.

Rousseau (Jean-Jacques.), *Du Contrat social,* Paris, Garnier-Flammarion, 2001, 286p.

Santander (Sébastien.), *As potências emergentes: um desafio para a Europa?* Paris, Ellipses, 2012, 382p.

Sassen (Saskia.), *Expulsions: Brutality and Complexity in the global economy,* Belknap Press, 2014, 304p.

Sassen (Saskia.), *The Global City: New York, London, and Tokyo, segunda edição, Princeton, 2001.*

Stiglitz (Joseph. E.), *A Grande Desilusão,* Paris, Fayard, 2003,407p.

Ziegler (Jean.), *La haine de l'occident,* Paris, Albin Michel, 2008,304p.

Obras específicas

Bachelet (michel.), *Systèmes fonciers et réformes agraires en Afrique noire,* Paris, L.G.D.J, 1968.

Chabas (Jean.), *La propriété foncière en Afrique noire,* Paris, 1957

Le Roy (Etienne.), *La terre de l'autre : une anthropologie des régimes d'appropriations foncières,* Editions LGDJ, Collection droit et société, Paris, 2011, 448p.

Le Roy (Etienne.), e Bouju (Jacky.), *Prendre en compte les enjeux fonciers dans une démarche d'aménagement,* Paris, GRET, 2004, 128p

Vanderlinden (Jacques.), e Le Roy (Etienne.), *La terre et l'homme - Espace et Ressources convoités, Entre le Local et le Global,Paris,* Karthala,2013, 324p.

Artigos e relatórios específicos

Arquivo do documento da FAO, "Land tenure and rural development: What is land tenure?", 2013

Charvet (Jean-Paul.), "Land grabbing or accaparement des terres agricoles", Encyclopaedia universalis [em linha], acedido em 25 de fevereiro de 2014- URL : http//www.universalis-edu.com/encyclpédie/landgrabbing or accaparement-de-terres-agricoles

Chouquer (Gérard.), "Understanding massive land acquisitions in the world today", 2012.

Chouquer (Gérard.), "Glossaire des acquisitions massives des terres (ou land grabbing), 2012.

Chouquer (Gérard.), "Aspects et particularité de la domanialité en Afrique de l'Ouest", DES FICHES PEDAGOGOGIQUE, pour comprendre, se poserde bonnes questions et ager sur le foncier en Afrique de l'Ouest, www.agter.org/bdf/fr/corpus chemin/fiche-cemin-45.html.

Programa Land Grabbing do Transnational Institute, *Justiça Agrária,* fevereiro de 2013
Ward Anseeuw, Liz Alden Wily, Lorenzo Cotula e Michael Taylor, *"Land rights and the land rush",* iied, cirad, ILC, 2012.

Iniciativa Direitos e Recursos. Relatório anual, *"Landowners or landless peasants: What choice will developing countries make?",* 2012-2013.

Livros, artigos e relatórios sobre concessões de terras na África Subsariana

Publicações

Cotula (Lorenzo.), Vermeulen (Sonja.), *Land grab or development opportunity? Agricultural investment and international land deals in Africa,* IIED/FAO/IFAD, Londres & Roma, 2009, 120p.

Relatórios e artigos
Bruno (Pierre.), *"Appropriations foncières: après l'affaire Dewoo, que se passe-t-il à Madagascar",* junho de 2011.
Cotula *(Lorenzo.),Acquisitions foncières en Afrique que disent les contrats fonciers,* IIDE, 2011, 66p.
Frierich Ebert Stiftung, *"Pladoyer pour un réforme du régime juridique*

des cessions foncières à grande échelle en Afrique Centrale", Document cadre, Presse universitaire d'Afrique, 2013.

Gabas (Jean-Jacques.), e Xiaoyang (Tang.)," *Coopération agricole chinoise en Afrique subsaharienne : dépasser les idées reçues*", Perspectives n°26 February 2014.

Lasserve (Alain-Durand.), & Le Roy (Etienne.), "*La situation foncière en Afrique à l'horizon 2050*", janeiro de 2012.

NGUIFFO (Samuel.), KENFACK (Pierre-Etienne.), MBALLA(Nadine.), "*Land rights and the forest peoples of Africa: Historical, legal and anthropological perspectives*", janeiro de 2009.

Schonecke (Wolfgang.), "*As terras de África. O novo Eldorado*", 2009.

Livros, artigos e relatórios sobre as concessões de terras nos Camarões

Elong (Joseph-Gabriel), *L'élite urbaine dans le paysage agricole africain : exemple camerounais et sénégalais,* Paris, L'harmattan, 2004.

ACDIC, "*La cession des terres aux entreprises étrangères: Quels enjeux pour Le développement au Cameroun? Que oportunidades, que riscos?* 2009.

Banco Africano de Desenvolvimento e Fundo Africano de Desenvolvimento, "Cameroon: Diagnostic study for the modernisation of the land registry and domains sectors", 2009

Madingou (Edouard.), "*Les conflits liés à la gestion décentralisée des ressources forestières au Cameroun : Etat des lieux et perspectives*",

2011.

GRAIN, *"Demasquer les accaparements de terres camerounaises par une entreprise Chinoise"*, outubro de 2010,

Greenpeace, *"Herakles Farms in Cameroon: a counter-example for palm oil"*, fevereiro de 2013

Hoyle (David.), Levang (Patrice.), "Oil palm development in Cameroon", abril de 2012

Ndjogui (Thomas Eric.), Levang (Patrice.)," Nouvelles politiques foncières, nouveaux acteurs : des rapports fonciers sous tensions". Nouvelles politiques foncières, nouveaux acteurs : des rapports fonciers sous tensions", *Territoires d'Afrique n°5*.

Nforgang(Charles.), *"Chinois au Cameroun: une incompréhension foncière"*, Yaoundé, Syfa, janeiro de 2010.

Nguiffo (Samuel.),&Schwartz (Brendan), *<<O décimo terceiro trabalho de Héracles? Um estudo sobre a concessão de terras da SGSOC no sudoeste dos Camarões"*,2012.

Tagne (Jean-Bruno.), *"Survey of Chinese rice-growing in Nanga-Eboko"*, agosto de 2010.

Livros, artigos e relatórios sobre a legislação fundiária nos Camarões

Binet (Jacques.), *Droit foncier coutumier au Cameroun*, Paris, 1951, 27p.

Nyama *(Jean-Marie.),Régime foncier et domanialité publique au Cameroun*, Presse universitaire de l'UCAC, 2012,392p.

Liz Alden (Wily)," *Whose land is it? The status of customary land ownership in Cameroon"*, Ed.fenton, fevereiro de 2011

Ministère des domaines, du cadastre et des affaires foncières, *Régime foncier et domanial au Cameroun : Lois et Ordonnances, Décrets et Arrêtés, Circulaires et Instructions,* Janvier 2008.

Nguiffo (Samuel.), Mballa (Nadine.), "Les dispositions constitutionnelles, législatives et administratives relatives au populations autochtones au Cameroun". *Les dispositions constitutionnelles, législatives et administratives relatives aux populations autochtones au Cameroun",* 2009.

Nguiffo (Samuel.), Kenfack (Pierre-Etienne.), Mballa (Nadine.), *"L'incidence des lois foncières historiques et modernes sur les droits fonciers des communautés locales et autochtones du Cameroun",* in *les droits fonciers et les peuples des forêts d'Afrique: perspectives historiques, juridiques et anthropologiques,* janeiro de 2009.

Nguema Ondo Obiang (Samuel.), Puepi (Bernard.), *"La problématique foncière dans les pays d'Afrique centrale : Cas du Cameroun et du Gabon",* 2011.

Schwartz (Brendan.), Hoyle (David.), Nguiffo (Samuel.), *"Emerging trends in land use conflicts in Cameroon: overlapping natural resource licenses and threats to protected areas and foreign direct investment",* junho de 2012.

Tchapmegni (Robinson.), *"La problématique de la propriété foncière au Cameroun",* Mbalmayo, 2005, 142.p

Livros, artigos e relatórios sobre a cooperação China-África

Publicações

Adama (Gaye.), *Chine-Afrique : le dragon et l'autruche,* Paris, L'Harmattan, 2006,298p.

Alternative sud, *La Chine en Afrique menace ou opportunité pour le développement,* Paris, Syllepse, 2011, 184p.

Bangui (Thierry.), *Les enjeux de la coopération Chine-Afrique*, Paris L'Harmattan, 2009.

Braud (Pierre-Antoine), *La Chine en Afrique : Anatomie d'une nouvelle stratégie chinoise*, Paris, Analysis, outubro de 2005.

Banyonguen (Serges.),.*Rôle et responsabilité des acteurs africains dans les relations sino-africaines : Ethnographie et sociogenèse des stratégies de réceptivité,* Paris, L'Harmattan, 2013, 402p.

Boillot(Jean-Joseph.), & Dembiski *(StanislasfCHIANDIAFRIQUE: la Chine, l'Inde et l'Afrique feront le monde demain,* Odile Jacob, 2013, 370p. Chaponnière (Jean-Raphael.),etGabas (Jean-Jacques.),*Le temps de la Chine en Afrique. Enjeux et réalités au sud du Sahara,* Paris, Karthala, Collection Gemdev, 2012, 216p.

Jolly (Jean.), *Les chinois à la conquête de l'Afrique,* Paris, Pygmalion, 2001, 336p.

Michel (Serge.),& Beuret (Michel.), *La Chinafrique. Pékin à la conquête du continent noir,* nova edição aumentada, Paris, Fayard/Pluriel, 2010, 410p.

Mbabia (Olivier.), *La Chine en Afrique : histoire géopolitique, géoéconomique,* Paris, Ellipse 2012, 157p.

Nguyen (Eric.),*Les relations Chine-Afrique. L'empire du milieu à la *conquête du continent noir*, Lavallois-Perret, Studyrama Perspectives 2009.

Richer *(Philippe.),L'offensive chinoise en Afrique,* Paris, Karthala, 2008, 168p.

Richer (Philippe.),*L'Afrique des chinois,* Paris, Karthala, 2012, 192p

Swieland (Tanguy Struye de.), *La Chine et les grandes puissances en Afrique : Une approche géostratégique et géoéconomique* , Louvain, Presses Universitaires, 2010, 194p.

Artigos e relatórios

Adama (Gueye.), *"La nouvelle donne chinoise en Afrique",* Fundação Gabriel Péri, janeiro de 2008.

Agence Française pour le Développement, conferência ID4D - *"Relações China-África: impactos no continente africano e perspectivas",* fevereiro de 2013

Barrat (Jacques.), *"CHINAFRIQUE: Un tigre de paper", Geostrategics* n°25, outubro de 2009

Boulan, *"Chine-Afrique: la grande désinformation",* 2014.

Chaponnière (Jean-Raphael.), *"L'aide chinoise à l'Afrique : origines et enjeux",* l'Economie politique, Quarterly April 2008.

Chaponnière (Jean-Raphael.), *" Un demi siècle de relations China-Afrique "* Evolution des analyses, *Afrique contemporaine,* 2008/4 n°228

Delcourt (Laurent.), *" La Chine en Afrique : avantages ou inconvénients pour le développement ? ", Alternative Sud,* avril 2008.

Gabas (Jean-Jacques), *"Les investissements chinois en Afrique : à quel prix ?",* in *Alternatives Internationales,* n°005, novembro de 2007.

Gwet (Guy.), "*China's power strategy as seen from Cameroon*", www.diplostratégies.blogpost.com.

Ka Mana, "*Chine-Afrique : les enjeux d'une coopération*", in Congo-Afrique, n.º 425, 2008.

Kernen (Antoine.), "*Les stratégies chinoises en Afrique : du pétrole aux bassines en plastique*", Politique africaine, no. 105, março de 2007.

Kersting (philippe.)," *Será a China um ator importante na apropriação de terras em África?*", 2014.

Lafargue (François.)," *China e África, perspectivas chinesas La Chine et l'Afrique, perspectives chinoises*", julho-agosto de 2005

Marchal (Roland.), "*China-África*", africulture, n°66, março de 2006

Niquet (Valérie.), "La stratégie africaine de la Chine". La stratégie africaine de la Chine", *Politique étrangère,* n°2 2006

Pairault (Thierry.), "*Les Chiffres de l'investissement direct chinois en Afrique*", Dounia n°3 setembro de 2010.

Pougala (Jean-Paul.), "*Les plus gros mensonges sur la coopération entre la Chine et l'Afrique*", 2013.

Wang (Jang-Ye.), & Bio-Tchané (Abdoulaye.), "*Afrique-Chine : des liens. Como tirar o máximo partido do crescente envolvimento económico da China em África*", Finance &Développement, março de 2008.

Livros, artigos e relatórios sobre a China

Publicações

Aglietta (Yves.), *La Chine vers la superpuissance,* Paris, Economica,

2007.

Cabestan (J.-P.),*La politique internationale de la Chine,* Paris, Presses de Sciences po, 2010, 460p

Chauprade (Aymeric.), *Défis chinois : introduction à une géopolitique de la Chine,* Paris, Ellipses, 2006, 287p.

Chen (Yan.), *L'éveil de la Chine,* La Tour d'Aigues, Paris, L'Aube, 2002.

Courmont (Barthelémy.),*Chine, la grande séduction.* Essai sur le soft power chinois, Paris, Choiseul, 1990.

Cohen (philippe.),etRichard (Luc.), Le vampire du milieu : comment la Chine nous dicte sa loi, Paris, Fayard/Mille et une nuits, 2010, 336p.

Fur (Alexandre.), Gentelle (Pierre.), Pairault Chierry.), *Economie et régions de la Chine*, Paris, Armand Colin, 1999, 176.

ieme Haber (Daniel.), Mandelbaum (Jean.),*La revanche du monde chinois?* 2 ediçáo, Paris, Economica, 1999, 198p.

Izraelewicz *(Eè),L'arrogance chinoise* ,Paris, Grasset, 2011, 256p

Lorot (Pascal.),*Le siècle de la Chine : Essai sur la nouvelle puissancechinoise,* Paris, Choiseul, 2007, 263p.

Ma Mung (Emmanuel.), La diaspora chinoise géographie d'une immigration, Paris, Ophrys, 2000.

Mangin (Marc.), Chine l'empire pollueur, Paris, Arthaud, 2008, 191p.

Mandelbaum (Jean.), e Haber (Daniel.),*La victoire de la Chine : L'occidentpiégépar la mondialisation,* Paris, Descartes& Cie, 2001, 136p

Artigos e relatórios

Albertini(Dominique.), "Les terres rares, un élément majeur delapuissancechinoise"

,http://www.liberation.fr/economie/2012/03/14/les -terres-rares-un

Nhu-Nguyen Ngo, "Chine: bilan social contrasté d'un formidable essor", julho de 2006.

Ruoen (Ren.),*Zes performances économiques de la Chine dans le contexte international,* O.C.D.E, 1997, 180p.

Livros sobre África

Bayart (Jean-François.)*, L'Etat en Afrique,* Paris, Fayard, 1989, 444p.

Dambisa (Moyo.), *L'Aide fatale : Les ravages d'une aide inutile et de nouvelles solutions pour l'Afrique,* Paris, Jean-Claude Lattès, 2009, 250p Doumbia (S.),*Le manifeste pour l'Afrique : pourquoi le continent noir souffre-t-il?,* Paris, L'Harmattan, 2009.

Dussey *(Robert.),L'Afrique malade de ses hommes politiques : inconscience, irresponsabilité, ignorance ou innocence ,* Paris, Jean-Picollec, 2008,252p

Esse *(Amouzou.),Pourquoi la pauvreté s'aggrave-t-elle en Afrique noire?* Paris, L'Harmattan, 2009, 220p

Courade *(Georges.),L'Afrique des idées reçues,* Paris,Belin, 2006, 400p Kabou (Axelle.),*Et si l'Afrique refusait le développement?,* Paris, L'Harmattan, 2000,207p

Mouandjo (Pierre.), Lewis (B.), *Facteurs de développement en Afrique : L'économie politique de l'Afrique au XXIème siècle, Tome II,* Paris, L'Harmattan, 2002, 358p

Osenga Babibake (Thérèse.), *Pouvoir des Organisations internationales et souveraineté des Etats; le cas de l'union africaine,* Paris, L'Harmattan, 2010.

Pandjo Boumba (Luc.),*A violência do desenvolvimento: poder, política e racionalidade económica das elites africanas,* Paris, L'Harmattan, 2002, 204p

Ray (Olivier.), e Severino (Jean-Michel.),*Le temps de l'Afrique,* Paris, Odile Jacob, 2010, 345p

Traoré (Aminata.),*L'Afrique humiliée,* Paris, Fayard, 2008, 294p

Schuerkens (Ulrike.), *Du Togo Allemand aux Togo et Ghana indépendants : changement social sous régime colonial,* Paris, Collection Etudes Africaines, L'harmattan, 2001, 624 p.

Schuerkens (Ulrike.),*Le développement social en Afrique contemporaine : une perspective de recherche inter - et intra sociétale,* Paris, L'harmattan, 1995, 174p.

Livros e artigos metodológicos

Publicações

Becker (Howard.),*Les ficelles du métier : comment conduire sa recherche en sciences sociales*, Paris, La découverte, Guides Repères, 2003, 352p

Beaud (Stéphane.), e Weber (Florence.), *Guide de l'enquête de terrain,* quarta edição, Paris, La Découverte,2010, 335p.

[ième]Blanchet (Alain.),& Gotman (Anne.), L'enquête est ses méthodes : L'entretien 2 edition, Armand Colin, 2010, 128p

Boltanski (Luc.),*Zes cadres : La formation d'un groupe social,* Minuit, Paris, 1982, 523p

Brechon (Pierre.), *Enquête qualitativa, enquête quantitativa, Grenoble,*

Presses universitaires, 2011,232p

Cefaï (Daniel.),*L'enquête de terrain,* Paris, La Découverte, 2003,624p Cohen (Samy.),*L'art d'interviewer les dirigeants,* P.U.F, Paris, 1999,277p Coenen-Huthier (Jacques.), *Observation participante et théorie sociologique,* Paris, L'Hramattan, 1995, 192p

Copans *(Jean.), L'enquête et ses méthodes : L'enquête ethnologique de terrain,* Paris, Armand Colin, 2005, 126 p.

Denzin (Norman.)& Lincoln (Yvonna.), *Handbook of qualitative research.* Sage Publications, Thousand Oaks, London and New Delhi.

Durkheim (Emile.), *Les règles de la méthode sociologique,* Paris, P.U.F, 2007.

Grawitz (Madeleine.), *Méthodes des sciences sociales*, Paris, Dalloz, 2001,1019p

Kaufmann (Jean-Claude.),*L'enquête et ses méthodes : l'enquête compréhensif,* terceira edição, Paris, Armand Colin, 2011.

Loubet del Bayle (Jean-Louis.),*Iniciação aos métodos das ciências sociais,* Paris, L'Harmattan, 2000, 272p

Mandras (Henri.), e *Oberti* (Marco.), *Le sociologue et son terrain : trente recherches exemplaires*, Paris, Armand Colin, 2000, 294p.

Ogien (Albert.), *Les règles de la pratique sociologique,* França, Presses universitaires, 2007, 291p

Papinot (Christian.), *Larelation d'enquête comme relation sociale. Epistémologie de la démarche de recherche ethnographique, Paris, Hermann, Collections méthodes de recherche en sciences*, 2014, 266p

Paugam (Serge.), *L'enquête sociologique,* França, Presses Universitaires, 2010,429p

Artigos

Cosmovici (Ion.), "La psychologie de l'entretien avec les élites", 2012, www. ionco smovici .fr

Dayer (Caroline.), & Chamillot (Maryvonne.), " La démarche compréhensive comme moyen de construire une identité de la recherche dans les institutions de formation ", Suisse, Université de Genène, n° 14, 2012.

Dantier (Bernard.), "La chose sociologique et sa représentation : Introduction aux règles de la méthode sociologique d'Emile Durkheim (1895)", Classique de sciences sociales. Chicoutimi, 1 de janeiro de 2003, 53pwww.classique.uqac.ca/contemporain/.../Dantier intr règ les_methode.doc

Lefebvre (Nicolas.), "L'entretien comme méthode de recherche",www.staps.univ lille2.fr/fileadmin/user upload/.../entre meth_recherche.pdf.

Olivier de Sardan (Jean-Pierre.), "L'enquête socio-anthropologique de terrain: synthèse méthodologique à usage des étudiants, études et travaux" n.° 13, outubro de 2003.

Projeto Base " Aprendizagem das noções de base em ciências económicas : Max Weber e a sociologia compreensiva ", Universidade de Lausane, www.idéal-type,sociologie moderne

Yon (Guillaume), "Introduction à la socio-histoire de Gérard Noiriel", www2 .cndp.fr/revuesdeess/notelecture/2006.9-14.htm

Teses e dissertações

Teses

Belomo Essono (Pélagie Chantal.), L'ordre et la sécurité publics dans la construction de l'Etat au Cameroun, Université Montesquieu-Bordeaux IV, Thèse en science politique, 2007.

Hatcheu Tchawe (Emile.), L'approvisionnement et la distribution alimentaire à Douala (Cameroun) : logiques sociales et pratiques spatiales des acteurs, Université Paris 1, Thèse en Géographie, 2003.

Issoufou (Oumarou.), "Femmes et développement local : Analyse socio-anthropologique de l'organisation foncière au Niger. Le cas de la région de Tillabery, Universidade de Rennes 2- Haute Bretagne, tese de Sociologia, 2008.

Tchapmegni (Robinson.), Le contentieux de la propriété foncière au Cameroun, Université de Nantes, Thèse de droit privé, 2008.

Memórias

Bessala Mviani (Alvine.), La percée des investissements privés chinois au Cameroun de 1972 à 2004, tese de mestrado, Universidade de Yaoundé 1, 2004

Pial Pial (Jean-Claude.), Le pluralisme juridique dans la gestion foncière dans l'arrondissement de Doume (EST-Cameroun) : Rôle et responsabilité de l'animateur, Mémoire de Conseiller Principal de Jeunesse et d'animation, 2012.

Tchambia Paho (Landry Fulbert.), Contribution à la mise en place d'une

démarche qualité à la société camerounaise de palmeraies Socapalm,
dissertação de DESS em controlo e gestão da qualidade, ENSAI,
Ngaoundéré, 2005.

yes
I want morebooks!

Buy your books fast and straightforward online - at one of world's fastest growing online book stores! Environmentally sound due to Print-on-Demand technologies.

Buy your books online at
www.morebooks.shop

Compre os seus livros mais rápido e diretamente na internet, em uma das livrarias on-line com o maior crescimento no mundo! Produção que protege o meio ambiente através das tecnologias de impressão sob demanda.

Compre os seus livros on-line em
www.morebooks.shop

Printed by Books on Demand GmbH, Norderstedt / Germany